天才皇帝

宋徽宗

曾孜榮 主編 / 時光 著

中華教育

天才皇帝
宋徽宗

曾孜榮 主編／ 時光 著

責任編輯：王 玫
裝幀設計：李洛霖 鄧佩儀
排　版：李洛霖 龐雅美
印　務：劉漢舉

出版

中華教育

香港北角英皇道 499 號北角工業大廈 1 樓 B

電話：(852) 2137 2338　傳真：(852) 2713 8202

電子郵件：info@chunghwabook.com.hk

網址：http://www.chunghwabook.com.hk

發行

香港聯合書刊物流有限公司

香港新界荃灣德士古道 220-248 號荃灣工業中心 16 樓

電話：(852) 2150 2100　傳真：(852) 2407 3062

電子郵件：info@suplogistics.com.hk

印刷

深圳市彩之欣印刷有限公司

深圳市福田區八卦二路 526 棟 4 層

版次

2021 年 1 月第 1 版第 1 次印刷

©2021 中華教育

規格

12 開 (240mm x 230mm)

ISBN

978-988-8676-11-8

目　錄

第一章

這可怎麼辦？

1082 年的端午節，北宋皇帝
宋神宗趙頊的第十一個兒子出
生了。這時的北宋積貧積弱，
社會危機重重，而這位皇子，
有可能扭轉大宋王朝的命運
嗎？

不祥的夢

　　關於宋徽宗趙佶的誕生，民間一直流傳着一個傳說……元豐五年（1082年），農曆五月五日端午節，北宋第六位皇帝宋神宗做了一個奇異的夢，在夢裏，南唐後主李煜竟然前來拜謁。夢中的宋神宗並不知道，此時後宮一位陳姓妃子為他誕下了一位皇子。第二年，宋神宗親自為這個嬰兒取名為「趙佶」。

　　李煜，是五代時期南唐的最後一位皇帝。他是一位以文采風流而聞名的大才子，書法、音律、詩文、繪畫、收藏樣樣精通，但他最終還是成了一位亡國之君——975年，北宋滅南唐，李煜也成了宋太祖趙匡胤的手下敗將，最終被賜飲毒酒而死。《虞美人》是李煜囚居汴京時懷念故國的哀歌，也是他詞作品中傳誦最廣的一首。

《溪岸圖》五代南唐（傳）董源
220.3cm×109.2cm　美國大都會藝術博物館藏

南唐畫家董源的《溪岸圖》中，山腳下的屋舍裏繪有一戶人家。上海美術館的專家認為，這一家四口就是喜歡深山漁隱的南唐中主李璟一家，畫中婦女懷抱的小孩，正是後主李煜。

《溪岸圖》局部

《虞美人》 李煜

春花秋月何時了，往事知多少？小樓昨夜又東風。故國不堪回首月明中。

雕欄玉砌應猶在，只是朱顏改。問君能有幾多愁，恰似一江春水向東流。

趙佶誕生當晚父親夢到李煜，就好像趙佶是李煜再世託生一樣。當然了，這種傳說很有可能是後人牽強附會，硬是給兩人拉上點關係，不過確實也說明在大家看來，李煜與趙佶的命運有不少相似之處。這個夢就像是一種不祥的「異兆」，大宋王朝的命運的確走到了拐點上。

藝術天才做皇帝

宋神宗在世時，他的十幾位皇子大多體弱多病，有八位已經夭折了。1085 年，宋神宗英年早逝，只好讓趙佶的哥哥——年僅九歲的哲宗繼位。趙佶就順理成章地成了吃穿不愁，活在富貴鄉裏的王爺，在向太后（神宗的皇后）的庇護下長大，讀書、學畫、作詩填詞，交往文人雅士，過得相當自在。四大名著之一《水滸傳》中就有對這位端王的細緻描寫，透露着民間對他的悠閒生活的想像：「這浮浪子弟門風幫閒之事，無一般不曉，無一般不會，更無一般不愛。更兼琴棋書畫、儒釋道教，無所不通；踢毬打彈，品竹調絲，吹彈歌舞，自不必說……」確實是個有天賦、有才華的皇室子弟啊！

作為哲宗的弟弟，按照當時的宗法制度，本來是輪不到趙佶當皇上的。可是誰想到年紀輕輕的哲宗突

《漁村小雪圖》 北宋 王詵
44.5cm×219.5cm 故宮博物院藏

王詵是宋神宗親妹妹蜀國長公主的丈夫，也是當時一位極
有影響力的書畫收藏家，還是宋徽宗的至交好友。宋徽宗
早年就與王詵來往頻繁，受他的藝術理念影響極深。王詵
的府邸西園是當時北宋京城最受人矚目的文人聚會的場所，
蘇軾、蘇轍、米芾、黃庭堅等大文人，都是西園的座上賓，
「西園雅集」也成了廣受傳統畫家喜愛的一個經典主題，
令後世文人嚮往不已。

然駕崩，又沒有留下子嗣。這可怎麼辦呢？垂簾聽政
的向太后出面提議，就讓端王趙佶做皇上吧！可大臣
們並不看好趙佶，覺得他本性輕浮，不夠沉穩，完全
看不出有一代明君的影子。於是向太后使出了撒手鐧，
聲稱神宗說過：「端王有福壽，且仁孝，不同諸王。」
大臣們沒辦法反駁，只好勉強同意趙佶繼位了。

　　向太后和向氏家族贏得了這場政治鬥爭的勝利。
趙佶，也就是宋徽宗，從此開始了他像夢一般荒誕的
政治生涯。

天下一人

　　皇帝往往政務繁忙，正常情況下總該收斂起輕浮的性情，把業餘愛好暫且放一放，集中精力先把正事處理好再說。可宋徽宗偏偏不是這樣的人。陰差陽錯登基後，他做的荒唐事簡直數不勝數。

　　宋徽宗崇信道教，自稱「道君皇帝」，認為自己是道教中的長生大帝君下凡，甚至還讓嬪妃宮女打扮成道教裏一些仙姑的模樣陪他遊玩。道教認為端午節（五月初五）降生非常不吉利，他便不由分說把生日改成了十月初十。他寵信不少心術不良的地方道士，甚至連制定國策都要先聽聽他們的胡言亂語，把宮廷上下弄得烏煙瘴氣。還詔令天下修建神霄玉清萬壽宮，在全國大力推行道教。在今天的福建莆田元妙觀三清殿和海南海口五公祠都留存了宋徽宗御書的《神霄玉清萬壽宮詔》碑，就是這段歷史的痕跡，上面寫道：「道者，體之可以即至神，用之可以挈天地推之，以治天下國家。」在宋徽宗看來，道教是治理國家最好的一劑良方了，而他自己正是道教在凡間的唯一代表——真是瘋狂的胡思亂想！

　　在宋徽宗的書畫作品上，我們經常能發現一個看起來有些奇特的字，那就是他特殊的花押。花押是古人用來替代自己名字的一種符號，宋徽宗給自己設計的這個符號只有簡單的三個筆畫組成，像個「天」字，又像個「开」字。這就是書畫史上大名鼎鼎的花押——「天下一人」。

　　作為一朝天子、「道君皇帝」，宋徽宗確實是當時的「天下一人」。可就是這個歷史上的昏君，若論他在中國書畫史上的地位，卻很難找到第二人能與他比肩。不管從甚麼角度來說「天下一人」都名副其實。

《梅花繡眼圖》北宋 宋徽宗
24.5cm×24.8cm　故宮博物院藏

「繡眼」是生長於江浙一帶的一種小鳥的名字，因為眼周長著一圈細密的白色絨毛而得名。畫上清晰可見宋徽宗特殊的花押「天下一人」。

第二章
破譯一幅畫

一位道士皇帝？今天看來這簡直像夢一樣不可思議，可當時的宋徽宗真的對他的信仰深信不疑。他還在一眾臣子中找到了自己堅定的支持者和追隨者，其中最著名的便是歷史上赫赫有名的大奸臣——宰相蔡京。

細聽琴聲

《聽琴圖》局部

　　《聽琴圖》畫的是三位文人在花園裏雅集聽琴的場景，環繞他們的是古松、綠竹、奇花、怪石，氣氛古樸清幽。中間那位撫琴者正是宋徽宗。通常我們以為，皇帝嘛，肯定是要盛裝華服出場的，可虔誠的道教信徒宋徽宗更願意展示他清淨淡然的一面。他凝神端坐，這一身的行頭裝扮就像一位道行頗深的道士，也印證了史書記載的宋徽宗有穿道袍的習慣。畫面左

右兩側各有一位穿朝服的官員——頭頂的烏紗帽泄露了他們的真實身份，據說其中那位紅衣人，正是宋徽宗的心腹，宰相蔡京！

　　蔡京像歷史上那些有名的大奸臣一樣，兇狠奸詐，貪婪無度，慣於玩弄權術。可他又是個很有才華的人，擅長書法詩文，品味出眾。他和皇帝既是關係微妙的君臣，也是愛好相投的藝術知己。這幅畫把蔡

京畫得像個沉靜低調的文人，看不出一丁點的囂張跋扈。

　　有的專家認為這幅作品是宋徽宗親筆所畫，有的專家則認為真正的創作者是北宋畫院一位不知名的畫家，無論如何，這幅畫一定得到了宋徽宗本人的認可——有左下方「天下一人」的花押為證。蔡京在畫面正上方題詩道：「松間疑有入松風」。看來這幅畫也像松間的風，妥妥帖帖地吹進了皇帝的心裏。

　　「聽琴」是個頗有幾分寓意的動作。鍾子期因為善於聽琴，而與善於鼓琴的俞伯牙互為知己，聽琴寓意至交好友心領神會的默契。成語「弦外之音」則指言語之外不便明說的某些意味。在這幅畫裏，皇上彈琴，臣子聽琴，含義就不言自明了——群臣百姓不僅要用心聽聖旨，還得領悟其中的聖意啊！

　　那麼宋徽宗傳達了甚麼聖旨，在下面聽琴的蔡京又領悟了甚麼聖意呢？這幅畫還透露了哪些奧秘玄機？接下來我們一起細細拆解。

《聽琴圖》 北宋 宋徽宗 147.2cm×51.3cm 故宮博物院藏

豐亨豫大

前文曾經說過，宋徽宗自幼看盡書畫佳作，又整日和京城頂尖的文人雅士交往，再加上超出常人的天賦，他的藝術品味極高，尋常物件根本入不了他的法眼。格外會討好皇帝的蔡京自然投其所好，不斷搜羅天下的奇珍異寶呈送進宮，滿足這位挑剔皇帝的賞玩癖好。為了讓宋徽宗心安理得地享受奢靡生活，他甚至還從《周易》中找到了一個「理論」，那就是著名的「豐亨豫大」說。

「豐亨」「豫大」分別出自《周易》的豐卦和豫卦，書裏原本的意思是君德隆盛，國家富強。可蔡京

《千里江山圖》局部 北宋 王希孟 故宮博物院藏

刻意曲解了豐亨豫大的原意——既然百姓富足，國庫充盈，天下「豐亨」，皇帝就心安理得地享受取之不盡用之不竭的物華天寶吧，讓子子孫孫都能知道大宋王朝有多麼偉大！

理解了「豐亨豫大」，就不再難理解這幅傳世名畫《千里江山圖》。畫家王希孟當時還不到二十歲，在他的筆下，宋徽宗治下的千里江山就是這般壯闊豐裕、固若金湯，好像能傳續千秋萬代一般。故宮博物院的研究人員認為，王希孟正是由慧眼識珠的蔡京發掘的，就像那些被蔡京從全國各地搜羅來的書畫、古董、瑞獸等珍奇異寶一樣，王希孟也是這樣一個呈給藝術家皇帝的「寶貝」。

宋徽宗親自指導王希孟繪畫，這位少年也不負眾望，他沒日沒夜地畫啊，畫啊……足足花了半年時間才完成了這一幅金碧輝煌的長卷。可這幅畫太耗費心力了，王希孟畫畢便大病一場，兩三年後就病故了。十餘年後北宋滅亡，青綠江山只剩斷壁殘垣，讓這幅畫煥發的極致光華中又多了幾分悲涼之感。

諸福之物，可致之祥

我們在古代的很多故事中都能發現有關「祥瑞」「吉兆」的記錄，人們總是願意把一些事物作為未來的某種預兆，據此推斷吉凶，譬如我們常說的「瑞雪兆豐年」。對現代人來說，大家更願意相信通過腳踏實地的努力奮鬥改變未來，可對古人，特別是歷代帝王而言，對待這些徵兆一點都馬虎不得。他們真心實意地相信奇花異石、飛禽走獸、天文現象都與神秘的天意直接相關。老天高興了，還是生氣了？即便尊貴如皇帝，也得老老實實地揣測老天爺的心情。如果發現了難得一遇的祥瑞之物，那簡直是對「天子」工作能力和道德品質的最高獎賞，說明皇帝在凡間幹得不錯，老天爺很滿意，神會繼續保佑天下太平、風調雨順的。

在崇信道教的宋徽宗眼中，沒有甚麼比這些來自上天的「賞賜」更重要的事情了。

《瑞鶴圖》中畫了一組籠罩在五彩祥雲中的宮殿，十八隻丹頂鶴正在空中盤旋，還有兩隻昂首立在屋脊兩端。宋徽宗在後面題寫了這幅畫的來由：1112年

元宵節的第二天，忽有祥雲飄過，接着一群仙鶴飛來在宮門上空盤旋鳴叫，好久才散去，引得眾人驚歎不已，宋徽宗被這種祥瑞和諧的氣象感動了，於是提筆「以紀其實」。

他為甚麼要記錄下來呢？難道僅僅是為了紀念這一祥和的瞬間？我們接着看他題詩中的最後一句：「徘徊嘹唳當丹闕，故使憧憧庶俗知。」「丹闕」指的是皇宮南邊的宣德門，「憧憧庶俗」就是世俗百姓的意思。道教中的神鳥仙鶴降臨皇宮，徘徊不散，宋徽宗恨不得讓天下百姓都知道這樣富有深意的祥瑞景象——連上蒼都給我這個皇帝賜福，你們也得老老實實「稽首瞻望」，背叛了我，就等於背叛了神的旨意啊！

這就不難理解為甚麼宋徽宗對奇珍異寶有着超乎尋常的迷戀，為甚麼蔡京的「豐亨豫大」那麼符合宋徽宗的心思——原來除了滿足自己的收藏癖好，這些祥瑞吉兆也掩蓋了宋徽宗在政事上的昏聵無能。你們看，宋徽宗並不是一個糊里糊塗、一心只想着玩樂享受的皇帝，他的書畫、收藏、詩文裏，其實都隱含着自己的政治目的。

《瑞鶴圖》局部　北宋　宋徽宗　遼寧省博物館藏

政和壬辰上元之次夕忽有祥雲拂鬱
低映端門衆皆仰而視之倏有群鶴
飛鳴於空中仍有二鶴對止於鴟尾
之端頗甚閑適餘皆翱翔如應奏節
往來都民無不稽首瞻望歎異久之
經時不散迤邐歸飛西北隅散感茲
祥瑞故作詩以紀其實

清曉瓢搖彩霓仙會告瑞忽來儀飄飄
元是三山侶兩兩還呈千歲姿似擬碧鸞
棲寶閣豈同赤鴈集天池徘徊嘹唳當丹
闕故使憧憧庶俗知

御製御畫并書一下

《瑞鶴圖》 北宋　宋徽宗　51cm×138.2cm　遼寧省博物館藏

洞天福地的理想

有了「豐亨豫大」的口號，宋徽宗更有理由為所欲為了。曾經有位方士跟他說：京城東北角是塊福地，不過地勢稍低了一點，如果能將它稍稍增高，必定有利於皇室子嗣繁衍。於是 1117 年，北宋最大的皇家園林「艮（粵：巾三聲｜普：gèn）岳」動工了。園子裏營建了大量華麗的道教宮殿和精妙的微縮景觀，珍禽異獸、奇花異草、怪石巨木更是數不勝數。宋徽宗完全按照道教的風水八卦佈置了艮岳，又把他能找到的所有寶貝都匯聚一堂。在這座園子裏，他似乎找到了一點做神仙的感覺。

光憑蔡京一己之力，是滿足不了如此大規模的需求的。那麼多寶貝，都是從何而來呢？

1105 年，一個叫「應奉局」的機構成立了。應奉局專門負責在江南一帶搜羅奇花、名木、怪石，哪怕是黎民百姓自家的賞玩之物，一旦被看中，也不由分說封上黃紙歸公，官吏趁機敲詐勒索大發橫財。歷史上大名鼎鼎的「花石綱」就由應奉局指揮，這是一支專門往京城運送東南一帶奇花怪石的船隊。為了護送那些體型巨大的寶貝，一路上甚至要拆毀城門、破屋毀田、鑿河斷橋，一切只為保障船隊運輸，民眾苦不堪言。

宋徽宗最鍾愛的太湖石以「瘦、漏、透、皺」的「醜」為美，就像《聽琴圖》下方那塊形態奇異的玲瓏石。

《聽琴圖》局部

祥龍石者⋯⋯碧池之東⋯

洲橋之西相對則勝瀛也其勢

騰湧若虬龍出為瑞應之狀奇

容巧態莫能具絕妙而言之也

廼親繪縑素聊以四韻紀之

彼美蜿蜒勢若龍挺然為瑞獨稱雄

雲凝好色來相借水潤清輝更不同

常帶暝煙疑振鬣每乘宵雨恐凌空

故憑彩筆親模寫融結功深未易窮

御製御畫並書　天下一人

《祥龍石圖》 北宋　宋徽宗　53.9cm×127.8cm　故宮博物院藏院藏

我們在宋徽宗的這幅《祥龍石圖》裏，能更仔細地看
到這種奇石的樣子。宋徽宗在後面的跋語中，特別強
調了這塊巨石宛如虯龍出海般的「瑞應之狀」。

第三章

藝極於神

前面介紹了宋徽宗為了他的
政治生命和「信仰」做出的種
種荒誕之事。別忘了，宋徽宗
可是位極其有天賦的大藝術
家，被史書評價為「藝極於
神」。那我們再來看看宋徽宗
還做了哪些事情，讓他稱得上
是中國書畫歷史上的「天下一
人」。

皇帝親授的藝術課

欣賞前文的作品不難發現，宋徽宗自己就是一位技藝高超的繪畫天才。皇帝的身份更是讓他坐擁便利，任意揮灑自己的藝術天分，影響着北宋及其後數百年的中國畫壇。

宋徽宗主政時期在全國大肆修建道觀，要召集天下名手來寺廟繪製壁畫。應招者眾多，可下筆一試卻都不合皇上的心。由於宋徽宗還經常把書畫作品賞賜給臣子，宮廷裏對繪畫作品的需求量也越來越大。宋徽宗就是這樣任性，為了能讓畫工們畫出令人滿意的作品，他索性在皇家畫院的基礎上又開了一所畫學，培養符合自己審美品位的宮廷畫家。

既然要辦學校，就得有入學門檻，不能讓隨隨便便的甚麼人都跟着天子學畫畫。於是宋徽宗安排手下兩位博士負責招生考試。他們是怎麼出題的呢？

比如有道考試題是一句詩：「野水無人渡，孤舟盡日橫。」不少落榜的考生畫的都是一葉漂在河面的孤舟，而奪魁者是怎麼畫的？他畫了一位臥於舟尾的船夫，旁邊丟着一支橫笛，意思是並非沒有船夫，只是沒有客人而已，船夫則閒散慵懶地盡享白日天光。「亂山藏古寺」一題，最好的一幅畫了滿目荒山，只在一角露出幡竿，強調了「藏」這個詩眼。

這哪兒是考畫畫呢？

考生入學之後也不能懈怠，宋徽宗自有一套嚴格的培養體系。他安排專人輔導大家閱讀文史經典，提高文化修養，不時來個隨堂小考；宋徽宗認為，臨摹古代作品是提高繪畫技能的必備手段，他坐擁海量書畫收藏珍品，為了提高學徒的眼力和技能，經常大方地拿出來給大家觀摩學習，有時甚至會親自上陣指點一番。前文提到的畫出《千里江山圖》的王希孟，就曾幸運地得到皇帝的親手指導。

經過畫學的嚴格培訓後，可以通過考試進入翰林圖畫院，成為一名真正的畫院畫家。在這樣一位藝術家皇帝的領導下，宋代畫院自然異彩紛呈。有不少赫赫有名的大畫家都出自宋徽宗主持的畫院，比如畫出《清明上河圖》的張擇端、山水畫大師李唐、擅長風俗畫的蘇漢臣等名家高手。

《萬壑松風圖》局部　南宋　李唐

精細刻畫

▶
《竹禽圖》 北宋　宋徽宗
27.9cm×45.7cm　美國大都會藝術博物館藏

宋朝王室的後人趙孟頫在這一卷作品後寫道，畫中的動植物「殆若天地生成，非人力所能及」，評價極高。

畫學生徒要嚴格遵循皇帝的創作要求，畫院的畫家們也要按照皇帝獨到的審美標準作畫，宋徽宗幾乎是以一己之力引領了一世繪畫風潮。我們來看看，對這位天才皇帝來說甚麼樣的畫才能稱得上極品呢？

首先，在合乎情理的基礎上，宋徽宗強調畫面的詩意和新意，絕不可簡單地照搬程式，而要杜絕淺薄的認知。這就要求畫家有超脫的精神氣質和深厚的文化底蘊，有文人特色，從畫學考試的出題方式就能看出這一點。

再就是要求畫家必須注意觀察繪畫的對象。宋代人堅信，人們可以從花草樹木、風霜雨雪、人情百態等一切微小的事物中找到一種互通的秩序，通過長時間的訓練，培養出理性、精確、透徹的觀察習慣，就不難發現蘊藏在萬事萬物中的宇宙原則與規律了。

史書上有一個「孔雀蹬墩」的故事，說的是宣和殿前種的荔枝樹結了果子，引得孔雀在樹下徘徊，於是皇上詔令畫師趕快來寫生作畫。大家個個使盡看家本領，誰知宋徽宗看完大家的畫作卻並不滿意，連連

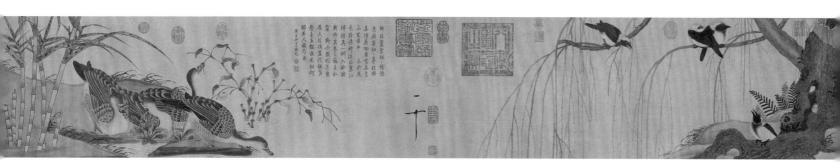

《柳鴉蘆雁圖》 北宋　宋徽宗
34cm×223.2cm　上海博物館藏

宋徽宗流傳下來的繪畫作品裏，除了一些工細的花鳥畫，還有少數幾張強調墨色使用的寫意之作。

搖頭，為甚麼呢？原來孔雀蹬墩要先抬左腿，而畫師
們都畫成抬右腿了！皇帝的要求可真高啊！

　　除此之外，刻畫則要精微細膩，不僅要求畫得像，
畫得工細，還要以生動傳神為最佳。當時宮廷花鳥畫
風行一時，宋徽宗更是以他那華麗富貴的工筆花鳥畫
聞名於世。為了能畫出小鳥眼睛閃爍靈動的樣子，他
常常用生漆點睛，就像一粒小豆子隱約浮在紙面上。
《竹禽圖》繪有竹枝上歇息的兩隻雀鳥，放大看就能
發現，這兩隻小鳥的眼睛正是用生漆點成的，格外精
靈明亮。

畫中詩

還記得《聽琴圖》嗎？那幅畫中，還有一個令人不解的問題沒有解答。在畫面最上方，有蔡京題寫的一首詩，這首詩就高高懸在畫面裏宋徽宗的頭頂。蔡京不是以油滑謹慎的性格聞名嗎？怎麼有這麼大的膽子，竟敢讓自己的字蓋過皇帝呢？

要知道，在宋徽宗看來，一幅繪畫作品除了主體內容——畫面以外，款識、題跋、詩文、鈐印，也都是畫面不可分割的組成部分。為了讓一切元素都為畫面的和諧服務，臣子的題字能不能高高在上，就不是那麼重要的問題了。在他流傳下來的不少畫作裏，我們都能發現他將題畫詩寫進畫面裏的大膽創新，比如右頁的《臘梅山禽圖》。試着把上面的題詩抹去，看看畫面的平衡破壞了沒有？張力減弱了沒有？

▶
《芙蓉錦雞圖》 北宋 宋徽宗
81.5cm×53.6cm 故宮博物院藏

這樣以詩入畫的做法影響深遠，在日後慢慢成為中國畫壇的主流。我們現在看到的中國畫，詩、書、畫、印這四種原本互相獨立的藝術形式，缺一不可，這就是經宋徽宗之手糅為一體的，成為聞名世界的中國文人藝術的經典符號。

請比較上圖和原畫的差異

《臘梅山禽圖》 北宋 宋徽宗
82.8cm×52.8cm 台北「故宮博物院」藏

畫面中的一切——圖像、詩跋、花押、鈐印，都必須妥善放在最恰當的位置，它們組合在一起，共同營造了作品的氛圍意境。

第四章

畫家二三事

如果宋徽宗沒有超絕的藝術天賦，如果他是個勤政愛民的好皇帝，北宋可能不會亡國，而他也可能不會留下如此豐厚寶貴的藝術遺產。然而時間無法逆轉，這些「如果」將永遠成為假設了。貪圖享樂的昏君、虔誠的道君皇帝、眼光老到的大收藏家、畫功蓋世的行家裏手……宋徽宗把他的複雜與矛盾刻在了歷史中，任今天的人們探尋評說。

帝王書法

從前面的一些作品中，大家可能已經注意到宋徽宗與眾不同的書法。他寫的字飄逸犀利，有極強的個人風格，這種書體被稱為「瘦金體」。「金」指的是「筋骨」的「筋」字，為了對皇帝御筆表示尊重而改稱「金」。瘦金體的特點是瘦硬、剛健、挺拔，撇捺尖銳像利刃刺出，瀟灑有神采，又有濃烈逼人的皇家富貴氣息，絕對不是黎民百姓能寫出來的。由於這種字的結體瘦韌，鋒芒尖銳，運筆迅速，有種在刀尖上起舞的感覺，觀之又多了幾分驚心動魄之感。下面這幅大字楷書《穠芳詩帖》寫得暢快淋灕，勁健瀟灑，是宋徽宗公認的巔峰之作。

與之相比，十餘米長的《草書千字文》則是走筆游龍的華麗宣泄。書紙是一種特製的御用紙，沒有一條接縫，上面繁複的描金雲龍圖案是由工匠一筆一筆描畫出來的。整幅作品看不到一條接縫，可見宋代的造紙技術已經達到了何種高度。而宋徽宗用他奔放流暢、壯闊激蕩、一氣呵成的書法讓其他所有絢爛都黯然失色了。

《穠芳詩帖》 北宋 宋徽宗 絹本 27.2cm×265.9cm 台北「故宮博物院」藏

《穠芳詩帖》局部

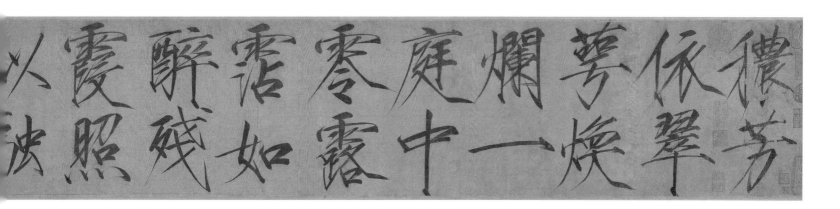

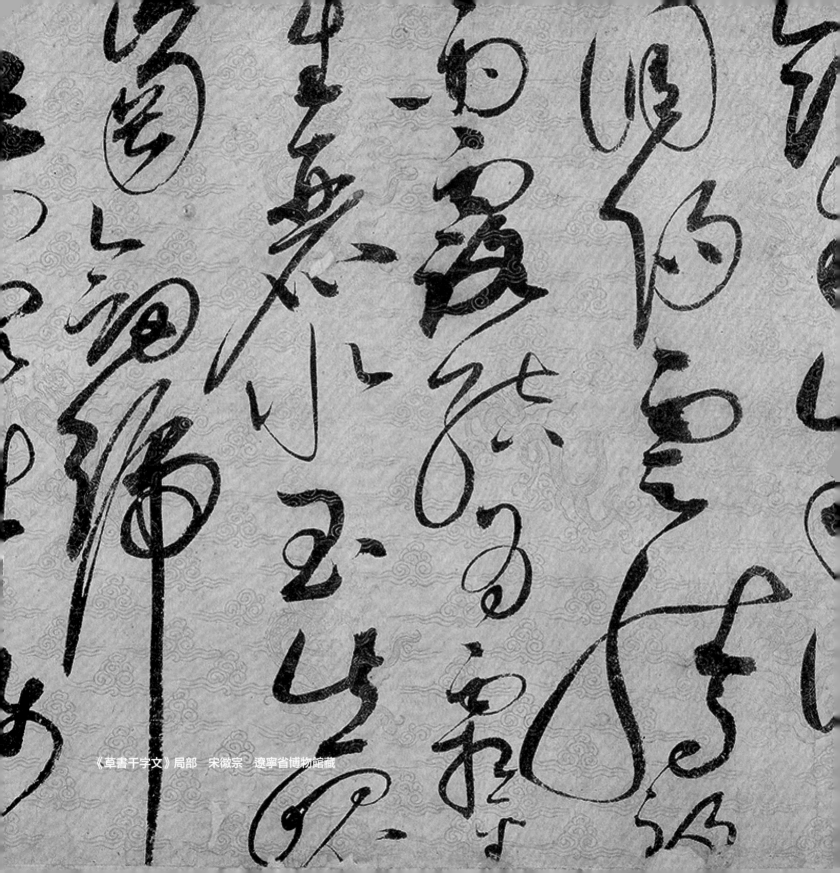

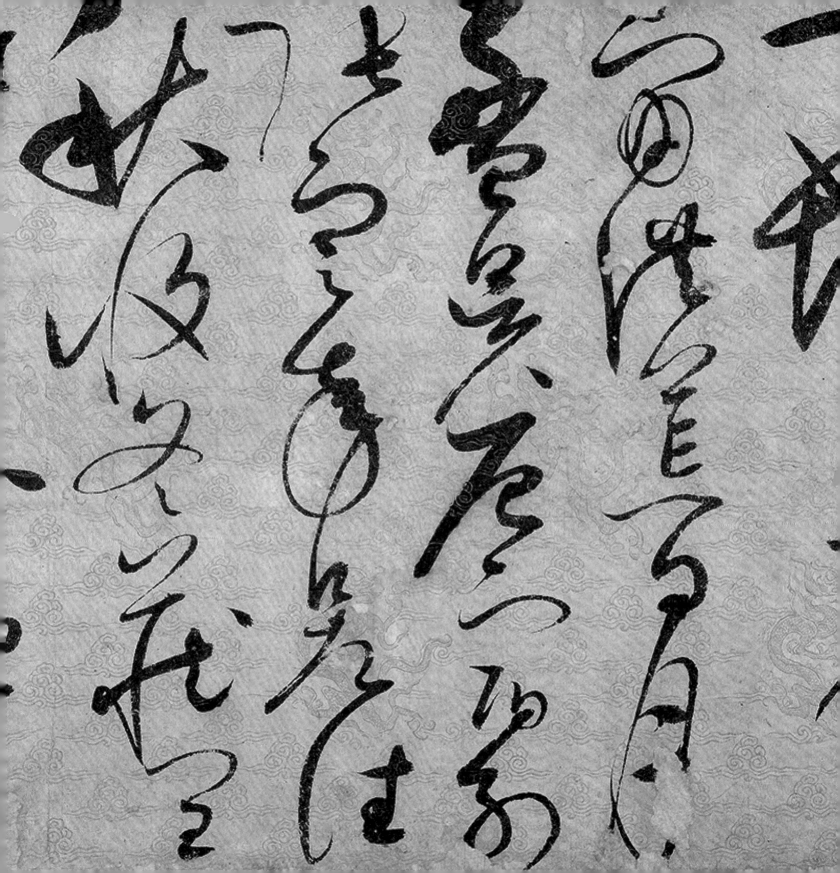

超級收藏家

宋朝皇室一直有愛好書畫的傳統，到了宋徽宗一代，加上從民間巧取豪奪而來的珍品，宮中已經積累了浩繁的古董收藏和書畫作品。宣和二年（1120年），宋徽宗命人（傳說為蔡京）着手整理宮中收藏的名家書畫，並將那些達到他品評標準的作品編輯整理成《宣和畫譜》與《宣和書譜》。畫譜以畫科分類，收錄了魏晉至北宋兩百多位畫家及他們的六千多件作

品；書譜將帝王書法歸為一卷，其他各卷以書體分類，囊括近兩百位歷代書法家的千餘件書跡。

　　由於北宋末年的戰亂，內府收藏的大多數古代真跡已不復存在，這兩本書的價值就尤其珍貴了。它們是那些親歷者記錄下來的一手資料，在宋徽宗和他的群臣百官之後，再也沒有人親眼見過那些恢宏巨製的古代珍品。直到今天，人們研究中國傳統書畫時，仍

《搗練圖》唐代　張萱（宋代摹本）
36.8cm×145.3cm　美國波士頓美術館藏

《搗練圖》原本是唐代畫家張萱的作品，但原作早已散佚了，流傳到現在的少數幾幅張萱的作品實際上是宋徽宗或其畫院畫家的臨摹之作，它們成了我們在今天了解唐代繪畫、服裝、文化風俗等歷史的重要圖像資料。

「內府圖書之印」九疊文大方印
鈐在尾紙中間

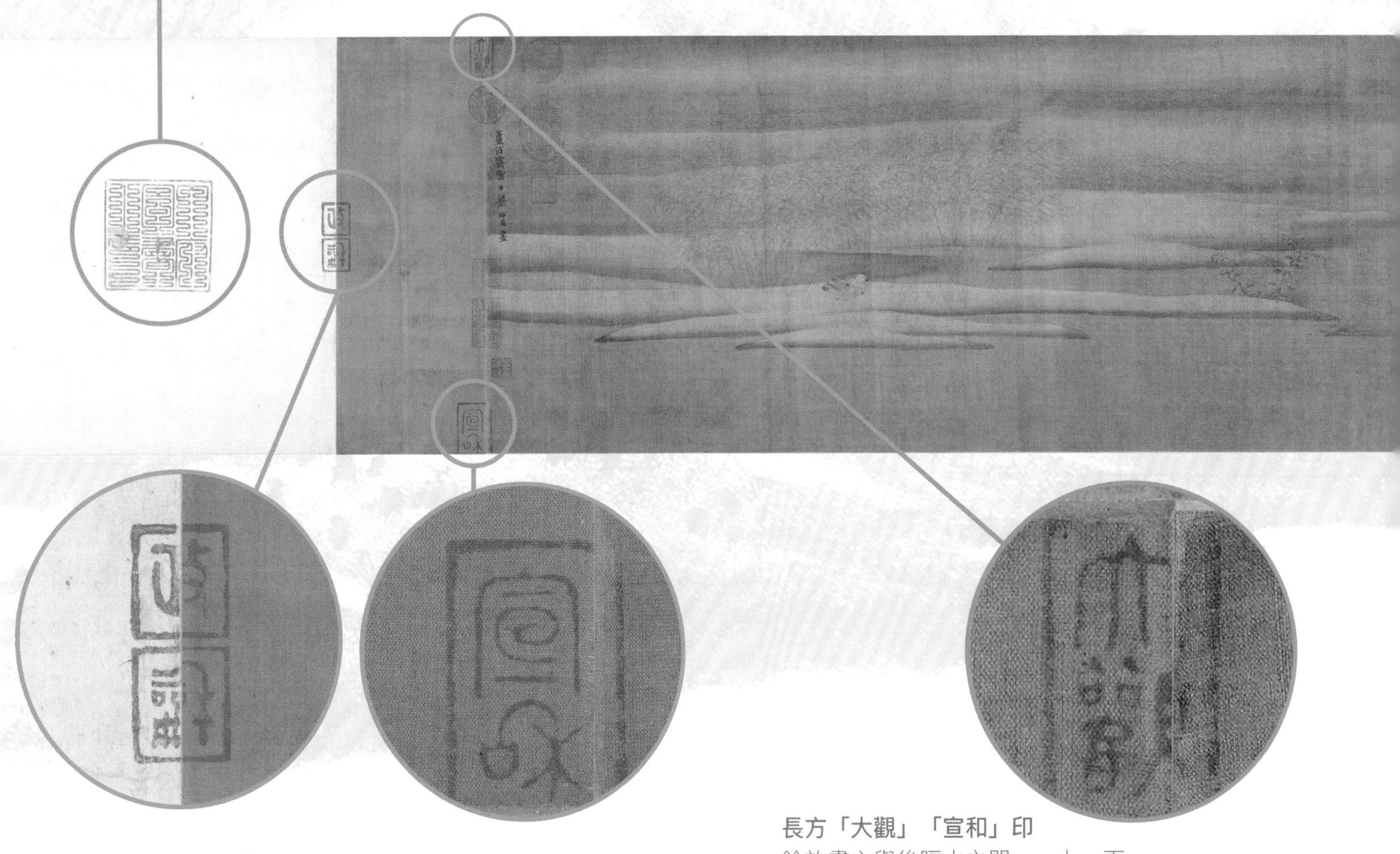

然要看看《宣和畫譜》和《宣和書譜》是怎麼說的呢！

宣和時期，宮中收藏的書畫被重新整理裝裱，新的裝裱用黃絹做引首，接着是畫心，後面接黃絹後隔水，後隔水之後再接一段白色的高麗紙，畫心兩側各裝飾一條小窄邊，整體樣式比以前更加莊重美觀，這種裝裱方式被稱為「宣和裝」，沿用至後世。

裝裱後的作品，會在相對固定的位置鈐印七方，

長方「政和」連珠印
鈐後隔水與尾紙之間

長方「大觀」「宣和」印
鈐於畫心與後隔水之間，一上一下，
也有作品用「政和」「重和」等印

表示內府鑒定收藏。這七方印又被稱為「宣和七璽」。

宋徽宗親手為自己打造了閬苑仙境，花竹奇石、珍禽異獸環繞四方。他享受着神明賜予的取之不盡的福祉，詩書畫意填滿了他生活的所有縫隙。在這個溫柔的、香濃的夢境裏，時間似乎將永遠停駐。

可是後來呢？

雙龍方印
畫卷用印，押在卷
首墨題處，書卷則
為雙龍圓印

《蘆汀密雪圖》　北宋　梁師閔　26.5cm×145.6cm　故宮博物院藏

院本模畫
識疼金雪
注浣駿獲
蘆深駕鶯
兩相隨迴
不離嚴寒
異故心
乙亥御題

長方「宣和」連珠印
鈐於前隔水與畫心之間

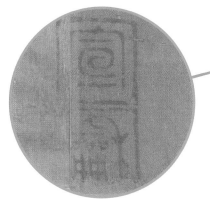

「御書」葫蘆印
鈐在天頭與前隔水接縫之間

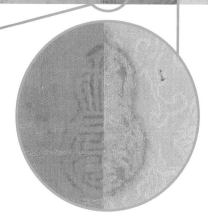

大夢一場

大約是在宣和元年（1119年），北方宋江領導的農民軍在梁山起身反抗。1120年，南方人民不堪花石綱之苦，在方臘的領導下揭竿起義。1122年，由女真族建立的金朝從居庸關入關，攻佔了燕京。1125年，金人滅遼後，乘勝南下入侵北宋。

宋徽宗聽到金軍南下的消息大驚，他大概也明白，此時已經不能指望虛妄的神明來保佑大宋江山了，於是匆匆忙忙傳位給兒子趙桓，也就是宋欽宗，自己做太上皇保命為上策。

明代李濂在他的著作《汴京遺跡志》中的《艮岳壽山》一節，記錄了這兩位皇帝當時的狼狽：金軍圍城數日，慌了神的宋欽宗命令將艮岳中的十餘萬山禽水鳥投進汴河，將園子裏的宮殿拆毀當柴燒掉，鑿開辛辛苦苦運來的怪石做炮，百千頭大鹿統統被殺死用於守城衛兵的營養補給……場面十分慘烈。

1126年，金軍攻破北宋都城開封，將徽宗、欽宗押進兵營。第二年四月，二帝與三千多皇室貴戚被金人俘虜到北方，北宋滅亡了。宋徽宗耗盡心力收藏的書籍、字畫、樂器、古董……也在這場災難中被洗劫一空。

也許你想知道，此時的宋徽宗在想甚麼？他會對自己的所作所為後悔嗎？他是否曾祈求時間倒流，抹掉錯誤，讓一切重來？

北上途中，望見杏花正開，身陷囹圄的宋徽宗有感而發，寫了下面這首詞：

《燕山亭·北行見杏花》

裁翦冰綃，輕疊數重，冷淡燕脂勻注。新樣靚妝，豔溢香融，羞殺蕊珠宮女。易得凋零，更多少、無情風雨。愁苦。閒院落淒涼，幾番春暮。

憑寄離恨重重，者雙燕，何曾會人言語。天遙地遠，萬水千山，知他故宮何處。怎不思量，除夢裏、有時曾去。無據。和夢也新來不做。

在這首詞中，宋徽宗用杏花自比，由杏花凋敗聯想到自身的淒涼遭遇，故國已在萬水千山外，只能在夢中回味了。在濃稠得化不開的自怨自艾裏，攪拌着

豔麗華美如常的詞句，他為自己的悲慘境地感到痛徹心扉。沒有悔恨，也沒有幡然大悟，不知道他的夢還會不會醒過來。

《五色鸚鵡圖》　北宋　宋徽宗
53.3cm×125.1cm　美國波士頓美術館藏

第五章

知道更多：
藝術大家族

宋朝，是中國歷史上一個崇尚文
化藝術而輕視武力的皇朝，上至
王公貴族，下至黎民百姓，普遍
有一定的藝文修養。其中最有權
勢、影響力最大的藝術大家族，
莫過於趙氏皇族了。

小景山水趙大年

《湖莊清夏圖》 北宋　趙令穰　19.1cm×161.3cm　美國波士頓藝術博物館藏

趙令穰（粵：羊｜普：ráng），字大年，是宋太祖趙匡胤的五世孫。趙令穰自幼愛好書畫，飽讀詩書，修養頗深。宋徽宗登基前和趙令穰往來頻繁，常常在一起交流書畫技藝與收藏心得。

趙令穰擅長畫富有詩意的小景山水，畫面尺幅不大，但以優雅情趣取勝。據傳由於是皇家子弟，他不能隨心所欲地輕易遠遊，日常所見僅僅是城郊的山野風光，因此他常畫「京城外坡阪汀渚之景」，而絕少大江大河。

小景山水是甚麼樣子呢？看看趙令穰這幅《湖莊清夏圖》就知道了。畫裏沒有壯闊雄渾的崇山峻嶺，展現的是平遠虛曠的水村河澤。畫面寧靜清幽，充滿詩意。

兄弟畫家

趙伯駒和趙伯驌（粵：叔｜普：sù）兄弟是宋太祖的七世孫，北宋滅亡後南遷杭州。兄弟二人花鳥畫、人物畫、山水畫全能，尤其擅長畫青綠山水。

青綠山水，指的是用礦物顏料石青、石綠做畫面主色的山水畫。前文王希孟的《千里江山圖》就是北宋青綠山水的經典之作。趙伯驌的《萬松金闕圖》則體現了南渡之後南宋皇室的審美趣味：月色籠罩林海，掩映金闕樓閣，韻味清遠，別有一番江南水鄉的情趣。

《萬松金闕圖》　南宋　趙伯驌　27.7cm×136cm　故宮博物院藏

《湖莊清夏圖》局部

成教化，助人倫

南宋的第一任皇帝是宋徽宗的第九子宋高宗趙構，他同樣繼承了父親的藝術天賦，其中以他的書法成就最高，楷書、行書、草書，都寫得精彩極了！

《詩經圖》採用左圖右書的形式，由宋高宗、宋孝宗親筆書寫詩文，南宋御前畫家馬和之等人根據文意配圖，以數篇詩歌為一長卷集合而成。小楷書法婉約流暢，配圖則着色清淡，體現了富於雅韻的南宋

采薇

宮廷審美風格。這一系列的《詩經圖》數量較多，目前散落在國內外多家博物館。

宋高宗為甚麼要用書畫的形式表現《詩經》的內容呢？要知道，《詩經》是傳統的儒家經典，將《詩經》的內容變成圖像，更有利於它在民間傳播，即便是目不識丁的平民百姓，看看圖，讀讀畫，就大概知道其中說的是甚麼意思了。也因為這個原因，並不是每一首詩都有資格入選《詩經圖》，只有那些符合皇帝的評判標準，能滿足「成教化，助人倫」的教化功用的詩歌，才能獲此殊榮。

中國畫，從來都不僅僅是好看的藝術品那麼簡單啊！

《詩經・小雅・鹿鳴之什圖》局部之《采薇》
南宋　趙構（書）、馬和之（繪）　故宮博物院藏

第六章 藝術小連接

工筆花鳥畫

花鳥畫是中國畫的畫科之一，顧名思義，它以花、鳥、蟲、魚等動植物為主要描繪對象。常見的有工筆花鳥、寫意花鳥、兼工帶寫三種畫法。在夏商周、春秋戰國時期出土的青銅器、陶器、玉器等器物上，在當時的墓葬、壁畫裏，我們能看到非常豐富、生動的花鳥形象和圖案紋樣。五代時期，由於上層階級的推崇，花鳥畫有了巨大的進步，其中尤其以蜀地的黃荃和黃居寀（粵：彩｜普：cǎi）父子聞名。後蜀滅亡後，黃居寀進入北宋畫院，以他為代表的華貴精細的風格成為北宋宮廷花鳥畫的主流。宋徽宗以他的工筆花鳥畫聞名於世，如本書中的《竹禽圖》《芙蓉錦雞圖》等，通常先用細膩均勻的線條勾勒輪廓，再層層填彩，取得細膩工整，明快妍麗的畫面效果。

《寫生珍禽圖》 五代 黃荃
41.5cm×70.8cm
故宮博物院藏

◀
《溪山行旅圖》 北宋 范寬 206.3cm×103.3cm
台北「故宮博物院」藏

▶
《晴巒蕭寺圖》 北宋 （傳）李成 110.8cm×56cm
美國納爾遜美術館藏

李唐

　　李唐，字晞古，是宋徽宗時期的畫院畫家，擅長山水和人物畫。北宋滅亡後，李唐也逃奔到江南，後來進入南宋畫院任侍詔，開創南宋山水畫的一代新風。李唐早期作品採用了開闊的全景式構圖，如前文提到的《萬壑松風圖》，但相對於北宋范寬的代表作《溪山行旅圖》而言，這幅作品的視角距離觀者更近，大山大水不必遙望，似乎就近在咫尺。李唐晚年的作品，如《清溪漁隱圖》，從對開闊的大山大水的關注，轉變為對自然風景中小小一角的凝視，富於詩意與情趣。

小景山水與全景山水

　　小景山水始於北宋僧人畫家惠崇。他擅長畫寒汀遠渚、柳岸蘆鴨等平遠小景，瀟灑虛曠，清逸脫俗，頗有情調韻致。北宋文豪蘇軾就有一首名詩稱讚惠崇的佳作：「竹外桃花三兩枝，春江水暖鴨先知。蔞蒿滿地蘆芽短，正是河豚欲上時。」（《惠崇春江晚景二首·其一》）與小景山水相對應的是全景山水，以北宋范寬、李成等人為代表。他們的作品多為大山大水全景式構圖，雄渾壯美，開闊浩蕩，有着震撼人心的獨特力量。

《清溪漁隱圖》局部 南宋 李唐 台北「故宮博物院」藏

第七章 繪畫工坊

宣紙柔軟而有韌性，我們可以利用它的特性製造出豐富的肌理，讓一幅畫作變得層次豐富，充滿變化。

1 準備材料

宣紙、油畫棒、黑色墨汁、國畫顏料、毛筆、毛氈、筆洗等。

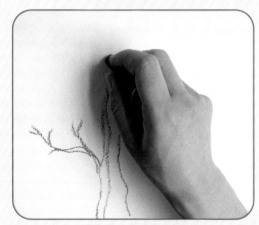

2 畫出樹木

用棕色、白色、黃色的油畫棒在宣紙上畫出高低、粗細不同的樹幹，並用深綠、淺綠隨意地畫出一些樹葉。

做出紙張紋理

把畫好的畫揉成一團，展開再揉，反覆揉三次，直到宣紙上充滿豐富均勻的紋理。

 背面塗色

把作品翻過來放在毛氈上，根據畫面的需要，用毛筆在畫的背面塗上你喜歡的顏色。

 等背面的顏色乾了以後，將作品再翻到畫有樹木的那一面，如有需要可以再加上一些顏色。完成！

完成！

參考書目

陳振鵬、章培恆主編，《古文鑒賞辭典》，上海：上海辭書出版社，2014 年。

俞平伯等撰，《唐詩鑒賞辭典》，上海：上海辭書出版社，2013 年。

翦伯贊主編，《中國史綱要》，北京：北京大學出版社，2006 年。

劉石、楊旭輝主編，《唐宋詞鑒賞大辭典》，北京：中華書局，2012 年。

俞劍華，《中國繪畫史》，江蘇：東南大學出版社，2009 年。

王群栗點校，《宣和畫譜》，浙江：浙江人民美術出版社，2012 年。

王群栗點校，《宣和書譜》，浙江：浙江人民美術出版社，2012 年。

中央美術學院美術史系中國美術史教研室，《中國美術簡史》，北京：高等教育出版社，1990 年。

［北宋］郭若虛，《圖畫見聞志》，江蘇：江蘇美術出版社，2007 年。

［元］湯垕，《畫鑒》，北京：人民美術出版社，2016 年。

［明］張丑，《清河書畫舫》，上海：上海古籍出版社，2011 年。

［元］脫脫等撰，《宋史》（卷十六本紀第十六至卷二十四本紀第二十四），北京：中華書局，1977 年。

參考論文

薄松年，《宋徽宗時期的宮廷美術活動》，《美術研究》1981 年 02 期。

余輝，《在宋徽宗〈祥龍石圖〉的背後》，《紫禁城》2007 年 06 期。

余輝，《回到王希孟作畫的歷史現場，〈千里江山圖〉卷辨析》，《紫禁城》2017 年 09 期。

有關「宣和裝」「宣和七璽」的記錄，參見徐邦達，《宋金內府書畫的裝潢標題藏印合考》，《美術研究》1981 年 01 期。

數字資料

［元］鄧椿，《畫繼》，來源：中國叢書庫。

［明］李濂，《汴京遺跡志》，來源：中國國家圖書館館藏中文資源，全國圖書館文獻縮微中心。

（本書「繪畫工坊」，由北京啟源美術教育原慶、季書仙、江亞東設計並製作。）